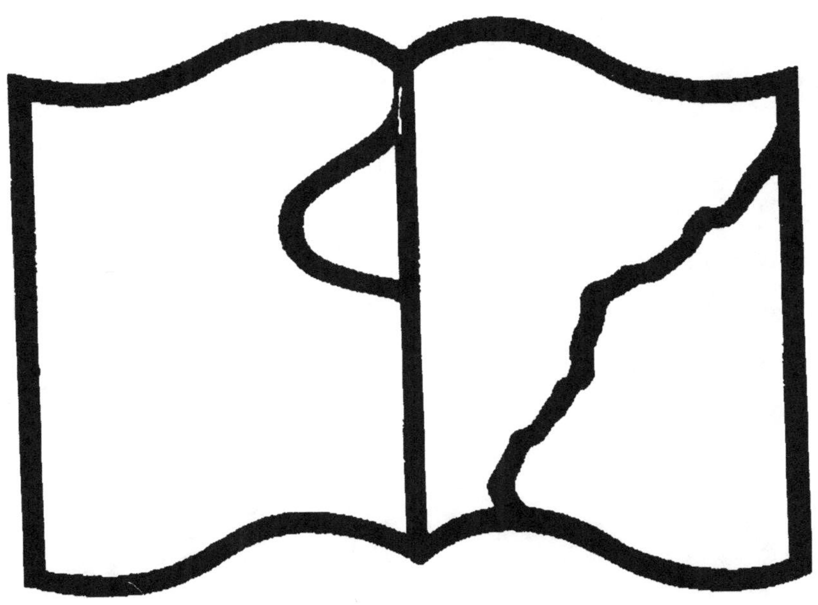

Texte détérioré — reliure défectueuse

NF Z 43-120-11

LES RACES FRANÇAISES

DE

CHIENS D'ARRÊT

PAR J. DE CONINCK

RÉSIDENT DE LA SOCIÉTÉ HAVRAISE POUR L'AMÉLIORATION DES RACES DE CHIENS

Dessins par P. MAHLER

Extrait de L'ACCLIMATION, journal des éleveurs

Aux Bureaux de l'ACCLIMATATION

JOURNAL DES ÉLEVEURS

46, RUE DU BAC

PARIS

LES RACES FRANÇAISES

DE

CHIENS D'ARRÊT

LES RACES FRANÇAISES

DE

CHIENS D'ARRÊT

PAR J. DE CONINCK

PRÉSIDENT DE LA SOCIÉTÉ HAVRAISE POUR L'AMÉLIORATION DES RACES DE CHIENS

Dessins par P. MAHLER

Extrait de L'ACCLIMATION, journal des éleveurs

Aux Bureaux de l'ACCLIMATATION

JOURNAL DES ÉLEVEURS

46, RUE DU BAC

PARIS

LES CHIENS D'ARRÊT FRANÇAIS

La Société havraise pour l'amélioration de la race canine s'occupant non seulement d'organiser des expositions mais aussi de faire de l'élevage, j'ai dû, comme président de ladite Société, me rendre compte de toutes les races de chiens d'arrêt et surtout de celles qui étaient le plus appropriées à la chasse dans notre contrée.

Pour les chiens anglais rien de plus facile, mais pour les français, c'était une autre affaire, et il m'a fallu deux années pour reconstituer tant bien que mal le type de chaque race et arriver à savoir à peu près ce qui restait de ces vieilles races.

Les chiens français paraissant depuis quelque temps reprendre un peu de faveur, mon travail sera, je crois, de nature à intéresser bon nombre d'amateurs de chiens.

Il y a un point qui m'a surtout frappé dans mes recherches, c'est qu'en dehors du braque bleu d'Auvergne qui est un chien importé, la couleur noire et les taches noires doivent être tout à fait écartées dans le chien français.

M. d'Houdetot qui, lui, n'était pas du tout partisan du chien de pure race, dit dans son *Chasseur rustique*, qui du reste est le plus charmant traité de chasse qu'on puisse lire : « Vous trouverez imprimé dans beaucoup de livres « qui traitent de la chasse qu'une seule tache noire désho- « nore un chien, réhabilitons au plus vite la pauvre bête « de ce péché originel. » C'était donc déjà à cette époque (1847) l'opinion générale que les chiens français ne devaient plus avoir de noir, et lui-même constate un peu plus loin qu'avant 1814 il n'existait en France aucune race noire de chiens d'arrêt, les premiers ayant été importés d'Angleterre durant l'invasion étrangère. M. de la Rue dans les *Chiens anglais et français* dit aussi en parlant d'un braque noir «.... de cette espèce qui a fait son apparition en 1814 à la suite de l'armée anglaise...» Il constate aussi que ces chiens, étant très admirés, ont été croisés un peu partout avec toute espèce de chiens français. M. d'Houdetot était si peu partisan, comme je l'ai dit, du chien de pure race qu'il écrit : « Si vous êtes assez heureux pour le ren- « contrer une fois dans votre vie, cet être indispensable à « vos plaisirs, fût-il braque, épagneul ou griffon, fût-il « même par l'effet d'un miracle caniche ou lévrier, fût-il « croisé ou bâtard, n'hésitez pas à le posséder sans dis- « tinction de race, de caractère, de prétendus instincts « particuliers. »

Cette idée était alors malheureusement admise par la plupart des chasseurs et a largement contribué à la disparition des anciennes races françaises.

De plus, les difficultés de communication, l'absence d'un journal comme l'*Acclimatation*, qui permet de trouver et d'acheter le chien qu'on désire dans n'importe quelle région, rendait le remplacement de ces précieux auxiliaires très difficile; aussi presque tous les chasseurs ne s'attachaient qu'aux qualités des chiens et faisaient couvrir leurs chiennes par n'importe quel étalon, pourvu qu'il fût bon. A mon début dans la chasse, on ne pratiquait pas autrement et les croisés de braque et d'épagneul étaient très recherchés.

Heureusement, il s'est rencontré quelques amateurs convaincus, et grâce à leur élevage intelligent, nous avons pu sauver quelques épaves du naufrage de nos races. Aussi, à ma grande satisfaction, j'ai pu constater qu'il y a parfaitement moyen de reconstituer la plupart d'entre elles puisqu'il existe suffisamment de bons reproducteurs de chacune.

Ces reproducteurs sont malheureusement assez disséminés et beaucoup de propriétaires ne connaissent même pas la valeur du chien qu'ils possèdent, mais grâce aux expositions qui se multiplient de plus en plus, je ne doute pas, que, d'ici quelque temps, on puisse se procurer des bons chiens français aussi facilement que les chiens anglais.

Vieux Braque français, type ancien.

LE VIEUX BRAQUE

Le vieux braque français est appelé aussi braque de Charles X quand il est uniformément moucheté sur tout le corps.

Gros chien blanc et marron ou marron et gris moucheté; sa tête très cassée, lourde, les oreilles longues, les babines tombantes, des fanons, des pattes grasses et lourdes, ordinairement munies d'ergot.

Devons-nous appeler ce chien vieux braque français, car il semble, d'après tout ce qui a été écrit et d'après le type du chien, qu'on retrouve cette même race à de très petites différences près en Italie, en Allemagne et en Espagne.

Il n'a pas le nez busqué comme la plupart des braques allemands, mais si on prend la définition actuellement admise pour ces chiens, soit : forte tête, crâne large et légèrement voûté, museau épais et carré, babines tombantes, forte encolure, ornée d'un léger fanon, poitrine large, rein robuste, épaules et membres forts et musculeux, pieds larges, queue épaisse et rognée, robe marron, ou marron et gris, ou blanc et marron (la couleur noire ou tricolore doit être écartée), on ne voit aucune différence avec notre chien.

On rencontre un peu partout quelques spécimens de ces gros chiens lourds, mais c'est encore dans le Midi qu'il s'en trouve le plus fréquemment. Je n'ai jamais entendu dire qu'on s'occupât beaucoup de son élevage sauf à Cauterets, où il existe, chez M. Barthélemy Nogué, une famille de vieux braques bien connus des baigneurs sous le nom de braques de la Paillière.

Ces chiens sont bien typés et ont été du reste plusieurs fois primés à des expositions.

Un membre de notre Société, frappé du caractère tout spécial de ces chiens, nous en a ramené un jeune qui répond parfaitement à la description, que j'avais précédemment établie, de ce genre de chien.

Il faut croire que cette race a été abandonnée à cause de sa quête trop lente, car elle est devenue extrêmement rare.

Cependant pour ceux qui chassent sous bois, ces chiens peuvent rendre de bien bons services. J'ai vu chasser des braques allemands qui ont la même quête et qui étaient merveilleux pour la chasse du faisan; ils devraient être aussi excellents pour tirer le lapin au déboulé sous bois.

Le braque lourd s'est trouvé petit à petit modifié par divers croisements, et il existe maintenant partout en France une variété plus légère; la tête est moins lourde, bien coiffée, les pattes plus sèches, les fanons ont disparu; de plus la couleur uniforme s'est perdue; on en trouve de toutes les couleurs, marron, fauve, café au lait, marron et feu, etc., et il est difficile d'admettre que ces variétés constituent une race puisqu'elles proviennent de tous les mélanges possibles.

Description du Vieux Braque français appelé aussi Braque Charles X

TÊTE. . .	Carrée et cassée, front développé et large, museau assez long, babines très tombantes.		PATTES. .	Fortes et musculeuses, grasses, la cuisse un peu plate.
OREILLE .	Plantée un peu bas, longue, grasse, un peu plissée.		PIED . .	Rond et large.
ŒIL . . .	Brun ou jaune.		FOUET . .	Court et gros.
NEZ. . .	Brun.		COULEUR.	Blanc et marron, moucheté de tache de même couleur ou gris moucheté de taches marron plus ou moins grandes.
COU . . .	Assez court, des fanons.			
ÉPAULE . .	Droite et grasse, le coude n'atteignant pas le dessous du corsage.		POIL . . .	Un peu gros.
POITRINE.	Large et profonde.		TAILLE. .	55 à 60 centimètres.
CÔTES. .	Légèrement arrondies.			
REIN . .	Court, large et solide, légèrement bombé.			

APPARENCE GÉNÉRALE :

Chien vigoureux et un peu lourd.

BRAQUE BLEU D'AUVERGNE

Le braque bleu d'Auvergne est un grand chien, à grandes plaques d'un noir bleu et le reste du corps truité noir sur blanc, formant une teinte bleue, sans aucune tache feu, ce qui le disqualifie entièrement.

La tête est régulièrement marquée de noir, avec une raie blanche sur le front.

Il est fortement membré, sans lourdeur, et a plutôt l'apparence d'un chien léger.

C'est le seul chien d'arrêt français qui soit à taches noires. Dans toutes les autres races, si la robe est noire ou tachée de noir, on retrouve en cherchant bien le croisement avec le pointer noir.

Aussi, attribue-t-on en Auvergne, à ces braques, une origine toute particulière; on prétend, en effet, qu'ils ont été importés par les Chevaliers de Malte dans cette contrée où il y avait autrefois de nombreuses commanderies.

Cette race a été, dit-on, conservée très pure, chez M. le comte de Montmaur, au château de Caruc, près Rocamadour. Malheureusement, cet amateur en cède, paraît-il, très rarement. Mais on peut s'en procurer facilement chez M. Bourgade, à Sauveterre, près Layrac (Lot-et-Garonne), qui travaille cette race avec soin depuis de longues années. Ses chiens descendent de la race du comte de Montmaur; ils ont tous été primés et sont, paraît-il, excellents en chasse, ce qui constitue une bonne garantie.

Le braque d'Auvergne est, dit-on, d'une grande finesse de nez, sa chasse est plus vive que celle du vieux braque, elle est brillante et méthodique, sa quête est restreinte, battant bien le terrain en croisant, il chasse de haut nez, son arrêt est des plus formes, il va au fourré et à l'eau.

Ce chien, très souple au dressage, doué d'une grande intelligence, rapporte presque naturellement; il chasse très jeune, aime passionnément la chasse, il est de plus très résistant, chassant du matin au soir par n'importe quelle haute température et cela durant plusieurs jours de suite, sans trop se ressentir de la fatigue.

Cette description m'a été confirmée par plusieurs chasseurs qui ont chassé en Auvergne et qui ont été enchantés du travail de ces chiens.

Description

TÊTE . .	Ronde et large régulièrement marquée de noir, avec une raie blanche entre les yeux, museau carré avec babines demi-longues.
OREILLE .	Courte, bien placée.
ŒIL . .	Petit, rétine rosée.
NEZ . .	Noir, largement ouvert.
COU . .	Sans fanon et fort.
POITRINE.	Large et profonde.
ÉPAULE .	Saillante, légèrement en dehors.
CÔTES . .	Saillantes.
REIN . .	Court, fort et large.
PATTES. .	Sèches et nerveuses, cuisse saillante en fuseau, assez gigoté.
PIED . .	De lièvre.
FOUET. .	Demi-gros et long à l'état naturel (car il est le plus souvent écourté).
COULEUR.	Truité noir sur blanc, formant une teinte bleue avec larges taches noir foncé sans aucune tache feu.
POIL. . .	Un peu gros et luisant.
TAILLE. .	59 à 63 centimètres.

APPARENCE GÉNÉRALE :

Chien fortement membré avec élégance et légèreté.

L'ACCLIMATATION

Journal des Éleveurs

46, rue du Bac, à Paris.

LES RACES FRANÇAISES DE CHIENS D'ARRÊT
Braque bleu d'Auvergne.

BRAQUE SANS QUEUE DU BOURBONNAIS

Ce chien est une variété du braque français et c'est certainement parmi les braques l'espèce qui s'est conservée la plus pure, probablement à cause de son originalité.

Il est inexact de dire qu'il soit sans queue ; il possède en effet un rudiment de queue, long quelquefois à peine de deux pouces, et formant bien la pointe, ce qui la distingue des queues coupées.

On ne sait trop d'où lui vient cette particularité. A mon avis, elle provient de l'habitude de couper la queue aux chiens d'une manière suivie pendant plusieurs générations, car j'ai vu des fox-terriers naître courte queue et chose même plus extraordinaire n'en avoir pas du tout.

La grande question pour avoir un chien de pure race, c'est d'abord qu'il soit courte queue naturelle et ensuite que la couleur soit blanc et marron, clair ou fauve, avec des mouchetures serrées réparties uniformément sur tout le corps et peu ou pas de grandes taches sur le corps.

Les chiens mouchetés de noir doivent être rigoureusement écartés ; ils proviennent, soit d'un croisement avec un fils d'une chienne pointer noire et blanche importée d'Angleterre par le capitaine Phlipp, soit, ce qui a dû se présenter dans un bien plus grand nombre de cas, d'un croisement avec le braque bleu d'Auvergne.

Comme apparence, je dirai que ce chien, de taille moyenne, vigoureusement construit et près de terre, représente assez bien un cob.

Ce chien a non seulement une physionomie intelligente, mais est encore, d'après tous les renseignements que j'ai eus sur son compte, très rustique et excellent pour toutes les classes.

Quant à moi, j'en ai connu deux qui étaient remarquables ; aussi je ne puis comprendre pourquoi les chasseurs ies ont autant délaissés et vont créer des soi-disant races de braques plus légers que le vieux braque français, quand ils ont une aussi bonne race à leur disposition.

Il a été publié dernièrement dans les journaux de sport deux très bons articles sur le braque du Bourbonnais : l'un de M. Rochefort, l'autre de M. de la Merisaie. Les descriptions données par ces Messieurs sont, à très peu de chose près, d'accord avec celle que j'ai déjà moi-même publiée.

M. Rochefort me paraît attribuer à tort une tête légère et élégante au braque du Bourbonnais ; il a voulu certainement dire qu'elle est plus légère que celle du vieux braque. Il dit aussi que le pied est allongé, tandis qu'il me paraît plutôt rond. Mais pour la couleur et la forme générale du chien, nous sommes tout à fait d'accord.

Quelques amateurs du Bourbonnais prétendent que la queue est souvent terminée par un nœud ; je doute que cela soit considéré comme une qualité. Mais si le chien naît courte queue, cela ne doit pas non plus le disqualifier.

Description du Braque sans queue du Bourbonnais.

TÊTE. . . . Carrée et cassée, front développé et large, museau assez long, babines un peu tombantes.

OREILLES. . De moyenne longueur, plantées plus haut que chez le vieux braque, et formant bien l'angle avant de tomber.

ŒIL. . . . Brun ou jaune.

NEZ. . . . Brun.

COU. . . . Court et fort, avec un peu de fanons.

ÉPAULE . . Oblique, musculeuse.

POITRINE. . Large et profonde, le coude atteignant le bas du corsage.

CÔTES . . . Arrondies.

REIN. . . . Court et solide.

PATTES . . Fortes et nerveuses, cuisse bien gigotée.

PIED. . . . Rond.

FOUET. . . A l'état de rudiment, attaché haut.

COULEUR. . Blanc et marron clair ou fauve moucheté de petite taches de même couleur réparties uniformément sur tout le corps, avec peu ou pas de grandes taches.

POIL. . . . Court demi-fin.

TAILLE . . 55 à 60 pour les mâles, 50 à 55 les femelles.

APPARENCE GÉNÉRALE :

Chien de moyenne grandeur, trapu et vigoureux

LES RACES FRANÇAISES DE CHIENS D'ARRÊT.
Braque sans queue du Bourbonnais.

BRAQUE DE TOULOUSE ET DE L'ARIÈGE

Quoique ce chien ne soit pas d'une origine très ancienne, comme il est très répandu dans le Midi et très bien fixé, on peut le considérer comme une véritable race française.

C'est le plus grand des braques français ; il atteint 24 à 25 pouces ; sa robe est presque complètement blanche, très légèrement marquée en tête de marbrures orange ou de rares mouchetures sur le corps. L'orange est un peu foncé et jamais citron. Comme aspect c'est un chien assez léger, généralement un peu plat et osseux.

Voici ce qu'en dit M. de la Rue en terminant sa revue des braques français :

A propos, je ne vois pas ici un gros braque blanc moucheté de jaune pâle, très connu dans les environs de Toulouse. Si ce n'étaient ses éminentes qualités, je lui manquerais de respect en disant qu'il tient du veau par sa grosse tête, son gros corps, ses grosses pattes et sa grosse queue. Il y a une douzaine d'années, le préfet de Melun en avait d'excellents. Ces braques chassaient avec beaucoup de sagesse, avaient énormément de nez, et rapportaient bien ; je les trouvais remarquables au bois. Cette variété de braques a été conservée et propagée par M. B..., alors procureur impérial à Provins. Ce magistrat, qui est connaisseur et passionné chasseur, a essayé de croiser le braque toulousain avec le Saint-Germain pour obtenir plus de légèreté et plus de quête ; les produits ont été satisfaisants.

Ces renseignements m'ont été confirmés par les chasseurs du Midi. Cette race aurait, en effet, été créée, il y a une quarantaine d'années, par le croisement du vieux braque français avec le Saint-Germain, mais elle a été, paraît-il, très suivie et est aujourd'hui bien fixée.

Il existe chez un éleveur de l'Ariége une famille de braques blancs et noirs mouchetés, qui proviennent du croisement du braque français avec un pointer noir. Cette famille n'a donc rien de commun avec le braque de Toulouse et de l'Ariége et n'est pas assez répandue pour constituer une nouvelle variété, quoiqu'elle se reproduise très bien.

Il existe aussi dans l'Ariége des bâtards blancs et noirs ou tricolores qui ont beaucoup de ressemblance, sauf la couleur, avec le braque français. Comme lui, ils sont un peu épais, lourdement charpentés, ont les lèvres tombantes, l'œil sanguinolent, l'encolure épaisse avec des fanons. Ces chiens, sans origine connue, tiennent autant du chien courant que du chien d'arrêt.

On ne peut donc considérer comme chien français de race à peu près pure que le braque de Toulouse et de l'Ariége blanc avec tête marquée d'orange.

Suivant l'habitude presque générale dans le Midi, ces chiens ont la queue coupée, dans le but d'éviter le bruit que fait le chien dans les couverts en fouettant la queue et pour lui éviter une plaie qui se forme toujours à l'extrémité, ce qui fatigue le chien et est fort disgracieux, surtout pour un chien blanc qui se trouve rapidement teint en rouge. C'est très probablement à cette habitude si répandue dans le Midi qu'on doit la race courte queue du Bourbonnais.

Quant aux qualités en chasse, voici ce qui m'en a été dit par un grand amateur de cette race : Le braque de l'Ariège chasse généralement au grand trot, quelquefois au petit galop lorsqu'il est frais et bien reposé, sa quête est d'un rayon moyen, c'est-à-dire ni très large, ni resserrée; si elle n'a pas l'animation rapide des chiens anglais, elle est cependant brillante par le cachet de grande race que le braque français possède dans ses mouvements et duquel on a dit très justement qu'il a la chasse noble.

J'ai possédé ou vu chasser des chiens d'arrêt français et anglais, et j'ai acquis la conviction bien entière que le braque du Midi est doué d'une finesse de nez remarquable, qui n'est pas surpassée par les meilleurs pointers. Il est dans toute l'acception du mot chien de haut nez, soit par la manière de le porter en chasse, soit par sa puissance d'odorat. Dans sa quête, dans son arrêt, dans sa menée sur les perdreaux qui piètent, le braque de l'Ariège porte toujours la tête et le nez haut, ne nasillant et ne s'écrasant jamais.

C'est surtout dans la menée du perdreau qu'il est, à mon avis, supérieur aux autres races; aussi prolongée qu'elle soit, à travers les guérets, les chaumes raclés de nos plaines brûlantes, le braque du Midi déploie toujours une sûreté, une rectitude et une patiente sagesse admirables.

Il a un autre mérite qu'on trouve rarement dans les chiens anglais, c'est de chasser pour son maître; de mettre toute son intelligence à lui faire tirer le gibier, et d'apporter une persistance opiniâtre dans la recherche du gibier blessé.

Le braque de l'Ariège a grand fond et grande endurance. Non seulement il chasse du matin au soir, sous le soleil brûlant du Midi, mais il tient plusieurs jours de suite, sans faiblir et sans trouver une goutte d'eau pour se désaltérer. Il ne craint pas le froid et a très bonne patte dans le pays de montagne. Il rapporte gaiement, soit d'instinct, soit après un dressage facile. Quelquefois en vieillissant, il a la dent dure sur le petit gibier; mais en revanche, il rapporte le lièvre avec passion. Ajoutez à cet ensemble un caractère indépendant et grogneur et vous aurez les caractères qui distinguent les braques du Midi, tels qu'ils existent de nos jours.

Description du Braque de Toulouse et de l'Ariège.

TÊTE.	Sèche, allongée, plutôt étroite que ronde, protubérance de l'occiput très prononcée, museau droit et long.
OREILLES.	Basses et peu longues, papillotées, fines et soyeuses, attachées un peu en arrière.
ŒIL.	Caressant et bien ouvert, jamais sanguinolent.
NEZ.	Rose ou marron très clair, bien ouvert.
COU.	Long et élégant.
POITRINE.	Large et profonde.
ÉPAULE.	Droite, un peu plate.
CÔTES.	Un peu plates.
REIN.	Un peu long, solide.
PATTES.	Fines et nerveuses, arrière-train un peu grêle, cuisse plate, quoique bien musclée, souvent plus élevée que l'épaule.
PIEDS.	Fins et serrés, dans le genre de la patte de lièvre.
FOUET.	Long et fort, généralement coupé.

L'ACCLIMATATION

Journal des Éleveurs

46, rue du Bac, à Paris.

LES RACES FRANÇAISES DE CHIENS D'ARRÊT.
Braque de Toulouse.

COULEUR. . Blanc avec de petites taches aux oreilles orange vif et quelquefois marron, quelques légères mouchetures sous poil.

POIL. . . . . Fin et brillant, avec reflets d'argent.

TAILLE. . . 65 centimètres.

APPARENCE GÉNÉRALE :

Chien élégant, distingué, bien établi dans ses membres.

BRAQUE DUPUY

Ce grand et splendide animal blanc et marron foncé, si gracieux et en même temps si vigoureux, rappelant par sa tête fine et la courbure élégante de sa croupe le lévrier, *est pourtant bien aussi* un chien français !

M. de la Rue, dans ses articles sur les chiens français, dit en effet... : Nous tournerons nos regards vers le Poitou, la patrie des grands chasseurs et des bons chiens, nous y verrons un homme, occupé à refaire l'ancienne race de braques qu'il avait eue et appréciée autrefois. Cet homme est amateur passionné de la chasse au chien d'arrêt, c'est M. Dupuy qui a laissé son nom au chien qu'il a enfin reconstitué, son idéal perdu.

M. Pineau, dans un excellent article sur le braque Dupuy, publié en 1887, dit que cette race a été créée vers 1820 par M. Narcisse Dupuy et il a l'air d'admettre que ce chien provient du croisement du braque du Poitou avec un lévrier, tout en constatant avec juste raison qu'il est étonnant qu'un tel croisement ait pu donner des chiens si fins de nez et si fermes à l'arrêt.

J'ajouterai que la manière parfaitement uniforme dont ces chiens se reproduisent comme type et comme couleur, tendrait à prouver, comme le dit M. de la Rue, que ces chiens proviennent plutôt d'une sélection de braques légers qui existaient à cette époque et qui avaient beaucoup de ressemblance avec les Dupuy, ce qui du reste m'a été confirmé par un grand amateur de cette race, qui m'assure, d'après un ami même de M. Dupuy, que ce braque provient du croisement du braque du Poitou avec une grande chienne blanche et marron d'une espèce très estimée dans le Midi et tout à fait disparue aujourd'hui.

Ainsi qu'on a pu le voir aux dernières expositions, il ne manque pas de spécimens de cette belle race, mais il est encore assez rare de rencontrer des sujets de valeur.

Je dois pourtant constater qu'à la dernière exposition de Paris il y avait une petite collection de Dupuy très réussie, et parmi elle, deux sujets remarquables : *Sultan*, au comte de Lastic Saint-Jal, qui, de l'aveu de tous, est un étalon hors ligne, et *Cora*, à M. le vicomte E. de la Besge, qui est une très belle chienne très bien typée.

Cette race reprend à juste titre beaucoup de faveur; il est donc assez facile de se procurer des chiots de race pure, en s'adressant à M. le comte de Lastic Saint-Jal, à Vouneuil-sous-Biard, près Poitiers, ou à M. Pineau, au Chenil de la Bussière, près Brion, par Gerçay (Vienne).

Quant aux qualités de chasse et au caractère du chien, voici comment s'exprime à ce sujet un aimable correspondant :

Très doux pour les enfants, d'une patience à toute épreuve dans ses jeux avec eux, terrible pour les rôdeurs, il est de vie facile, aime avec passion son maître et sa maison.

C'est un gai compagnon, un serviteur dévoué et attentif.

Fanatique de la chasse, d'une finesse de nez inouïe, il quête en plaine, la tête haute, au galop, très vite, puis, fort prudent au bois, ralentit son allure et ne perd jamais son maître de vue.

Les arrêts sont inébranlables; il va au piquant comme un griffon, à l'eau comme un épagneul et ne craint ni le froid ni la chaleur, un jarret d'enfer, la fatigue lui est inconnue.

L'ACCLIMATATION

Journal des Éleveurs

46, rue du Bac, à Paris.

LES RACES FRANÇAISES DE CHIENS D'ARRÊT
Braque Dupuy.

L'ACCLIMATATION

Journal des Éleveurs

46, rue du Bac, à Paris.

LES RACES FRANÇAISES DE CHIENS D'ARRÊT

LÉDA. — Chienne Dupuy de grande taille, 0,64 cent., à MM. Montaulin et G. Hublot Derivault. — Prix d'honneur, Paris 1889.

Il rapporte presque naturellement et son dressage est des plus simples, car il cherche la pensée de son maître et prévoit ses désirs.

Tous ceux du reste qui ont parlé de ce chien s'accordent pour en faire le plus grand éloge, et je termine par cette phrase de M. Pineau parlant de l'arrêt de ce chien :

Il en est de même de tous les chiens Dupuy : quand ils sont dressés ils arrêtent bien, quand ils ne le sont pas ils arrêtent trop.

Description du Braque Dupuy.

TÊTE. . . Fine, longue et sèche, museau long et fuyant en forme de bateau.

OREILLES. Plantées haut, de moyenne longueur, très fines, un peu plissées, un peu en tire-bouchon, se détachant bien de la tête.

ŒIL. . . Un peu petit, brun.

NEZ . . . Brun, très développé.

COU . . . Assez long.

ÉPAULE . Oblique, musculeuse.

POITRINE. Assez large, profonde, le coude atteignant le bas du corsage.

CÔTES . . Légèrement arrondies.

REIN. . . Solide, un peu levretté.

PATTES. . Longues, sèches, fines et nerveuses, la cuisse bien musclée, quoique d'apparence un peu plate.

PIED. . . Allongé.

FOUET . . Attaché bas, très fin, porté presque horizontalement.

COULEUR. Blanc, marqué de taches marron d'un ton sombre et froid, sans brillant.

POIL. . . Un peu dur, sauf la tête et les oreilles où il est d'une grande finesse.

TAILLE. . 60 à 65 centimètres.

APPARENCE GÉNÉRALE :

Chien très robuste, quoique léger et gracieux

LE BRAQUE SAINT-GERMAIN

Le Saint-Germain est-il un chien français? Des flots d'encre ont été dépensés sur ce sujet et on n'est pas encore d'accord.

J'ai moi-même hésité longtemps à le reconnaître comme tel. Il est vrai que j'avais vu primer une chienne pointer pure race comme Saint-Germain et qu'on m'avait vendu un fils de ladite chienne comme Saint-Germain. J'admets qu'à une exposition il est assez difficile de distinguer où le pointer finit et où le Saint-Germain commence. Cependant il existe deux types de Saint-Germain qui se distinguent du pointer :

L'un, qui pour le moment est le seul récompensé aux expositions, est un chien léger, élégant, souvent un peu petit, la tête carrée et cassée, le museau fuyant, l'oreille plantée haut et se détachant bien de la tête, le fouet très fin le poil court et fin.

L'autre est un grand chien, à tête un peu lourde, avec babines un peu tombantes, très bien coiffé, plus mou, moins musclé que le précédent, la poitrine généralement peu descendue, le fouet fort et le poil un peu plus rude.

Mais là où on peut se rendre compte que la race Saint-Germain existe, c'est sur le terrain. Prenez un pointer et un Saint-Germain, voyez la différence : autant l'un est fougueux et indomptable, autant l'autre est calme et facile, chassant au trot ou au petit galop, près de son maître, se fiant uniquement à la finesse de son nez.

D'un dressage excessivement facile, ce chien chasse tout jeune et j'en ai vu qui, du premier coup, se sont déclarés des chiens accomplis. Le Saint-Germain, qui n'a pas été retrempé dans le sang du pointer, est même, d'après mon expérience, plus calme que tous les autres braques français. Aussi beaucoup de chasseurs le préfèrent-ils aux autres braques et est-il très répandu.

On a le tort en France de ne pas admettre comme race, des chiens qui ne peuvent pas prouver la pureté absolue de leur origine. Toutes les races de chiens ont pourtant été créées, et les races anglaises comme les autres ; ce n'est donc qu'une question de date sur le dernier croisement fait. Pour qu'une race soit confirmée et puisse prendre ce nom, il faut que les chiens se reproduisent d'une manière uniforme comme type et comme genre de chasse. Une fois ce résultat acquis, la race est réellement créée quelle qu'en soit l'ancienneté. J'ajouterai même que quelque accident de reproduction ne peut avoir une grande importance si l'ensemble des produits a bien le caractère de la nouvelle race.

Voici l'origine du Saint-Germain d'après M. de la Rue :

« Deux pointers blanc et orange, *Miss* et *Stop*, furent « achetés en Angleterre pour le roi par M. le comte de « Girardin, premier veneur ; ils étaient de grande taille, « levrettés, avec les oreilles attachées haut, le palais et le « nez noirs ; bref, ces deux chiens avaient une grande élé- « gance de forme et une incontestable distinction. » *Miss* fut couverte d'abord par un épagneul marron, puis par un beau braque français *Zamor*, à M. le comte de l'Aigle ; tous les chiols qu'elle mit au monde furent toujours blanc et orange. Tous les chiens nés de *Miss* avaient le plus souvent le nez et le palais roses.

L'ACCLIMATATION

Journal des Éleveurs

46. rue du Bac, à PARIS

LES RACES FRANÇAISE DE CHIENS D'ARRÊT
Braque Saint-Germain.

Il est assez difficile d'admettre que les Saint-Germain actuels descendent de ces chiens, car on a appelé Saint-Germain tous les braques blanc et orange, et comme le croisement d'un chien blanc et orange avec un autre chien donne généralement, ainsi que cela est arrivé pour *Miss*, des chiens blanc et orange, on en a fabriqué un peu avec tout.

Il existe dans tous les cas aujourd'hui en France une race bien fixée de braques blanc et orange dits Saint-Germain, et nous en avons vu de magnifiques spécimens aux expositions de Paris et du Havre. Il y a des éleveurs consciencieux qui travaillent cette race avec un succès très mérité.

M. Bathiat-Lacoste, de Douai, élève ces chiens depuis de longues années et a récolté des succès innombrables, et M. Bergeaud, de Verneuil, a obtenu avec sa ravissante chienne *Mirette*, des portées absolument parfaites. A côté de ces messieurs, on en élève un peu partout et non sans succès. Le seul reproche que j'adresse à ce genre de chiens, c'est d'être un peu délicats, il n'est véritablement fait que pour la chasse en plaine ; au marais, il attrape des rhumatismes et en général il redoute les ajoncs et les fourrés piquants. Certaines personnes prétendent que le Saint-Germain doit avoir le nez et le palais noirs, puisque les pointers, *Miss* et *Stop*, dont ils descendent, avaient le palais et le nez de cette couleur. Il ne s'agit plus du tout des pointers importés par M. de Girardin, mais du Saint-Germain qui est un produit de ces chiens obtenu par un croisement avec des chiens français.

Or, M. de la Rue, dont la compétence est incontestable, puisqu'il a connu les parents et leurs produits, dit : « Le palais et le nez noirs chez *Miss* et *Stop*, étaient plus souvent roses chez leurs enfants. » Ceci explique pourquoi la généralité des Saint-Germain a toujours eu le nez rose

et pourquoi les nez noirs sont devenus une exception.

A tort ou à raison, car on ne peut discuter des goûts et des couleurs, on a donné la préférence aux nez roses, et j'avoue que, pour ma part, un nez noir à un Saint-Germain m'a toujours paru une anomalie. Cela tranche d'une manière désagréable sur la nuance claire du chien, et le nez rose me paraît, au contraire, beaucoup mieux assorti.

Sans vouloir disqualifier le Saint-Germain à nez noir, je crois qu'il en sera de son nez noir comme du blanc chez les Gordon ; tous les anciens Gordon de pure race étaient tricolores et aujourd'hui on ne les veut que sans blanc.

Description du Braque Saint-Germain.

Tête. . . .	Carrée et cassée, museau de moyenne longueur, un peu fuyant, l'ensemble plus léger que la tête du pointer, le crâne plus bombé.
Oreilles .	Plantées haut, formant bien l'angle avant de tomber, plus courtes que celles du vieux braque, et plus longues que celles du pointer.
Œil. . . .	Jaune.
Nez.	Rose foncé.
Cou.	De moyenne longueur.
Épaule. . .	Légèrement oblique, bien musclée.
Poitrine. .	Large et profonde, le coude atteignant le bas du corsage.
Cotes. . . .	Arrondies.
Rein. . .	De moyenne longueur, fort légèrement arqué.
Pattes. . .	Nerveuses, sèches et fines.
Pied	Allongé.
Fouet . . .	Fin, attaché un peu bas, ne dépassant pas le jarret.

COULEUR . . Blanc mat et orange foncé, quelquefois
quelques pointillés.

POIL . . . . Très fin.

APPARENCE GÉNÉRALE :

Chien élégant et bien proportionné.

L'ÉPAGNEUL FRANÇAIS

Le journal *Le Chenil* a publié en juillet 1888 la reproduction d'une gravure datée de 1392, représentant un épagneul avec un fou qui tient un faucon ; l'épagneul était en effet le chien d'Oysel par excellence.

Gaston Phœbus en fait le portrait suivant : « L'espainholz, parce qu'il vient d'Espainhe, a grosse tête et grand corps et bel, de poil blanc ou tavelé (moucheté). »

La gravure dont j'ai parlé plus haut représente, en effet, un chien blanc à taches marron, moucheté sur les pattes, la tête est grosse, le front large magnifiquement encadré par de longues oreilles garnies de soies ondulées, le corps est gros, les pattes un peu courtes, le poil ondulé et non frisé.

Ce chien de 1392 est bien le même chien que nous possédions encore au commencement du siècle et même il y a une vingtaine d'années. J'en ai connu plusieurs qui représentaient bien ce type qui, malheureusement, je le crains, est à peu près perdu. Il n'y a pas de race, en effet, avec laquelle on ait fait autant de croisements.

Il a été naturellement croisé avec le Pont-Audemer et on trouve encore des spécimens qui, sans avoir le type du Pont-Audemer, ont cependant un peu de huppe.

Il a été croisé avec les braques et, comme je l'ai dit au début, on appréciait beaucoup les produits de braque et d'épagneuls ; puis lorsque les épagneuls anglais ont paru en France, c'était à qui ferait saillir sa chienne par un de ces chiens. Tout le monde voulait avoir un écossais, comme on disait en Normandie.

Aussi je n'ai pas trouvé une seule famille d'épagneuls tels que je les ai décrits. On m'a bien cité plusieurs chiens dont la race avait été bien suivie ; mais ce n'est plus le même type, les chiens sont élancés, moins bien coiffés.

La famille la mieux typée me paraît être celle qui se trouve tant chez M. le comte de Boisgelin que chez M. Guillebont, au Neubourg, dans l'Eure.

La véritable couleur de l'épagneul me paraît être le blanc et marron avec grandes taches et mouchetures marron ; le marron et gris est plutôt la couleur du Pont-Audemer, mais il est incontestable qu'il y a toujours eu des épagneuls marron. M. de la Rue dit lui-même que le premier chien qui ait été donné à *Miss*, la chienne dont est sortie la race des Saint-Germain, était un épagneul marron.

Il y a eu pendant longtemps dans les environs du Havre, chez les chasseurs au marais, une race d'épagneuls marron, qui était excellente en chasse et qu'ils ont laissée à peu près se perdre depuis peu.

Un de mes amis possédait, il y a vingt ans, un chien de cette couleur qui représentait exactement l'ancien type, il était remarquable en chasse : il excellait en effet en plaine, au marais sur la bécassine, au bois, et dans les ajoncs les plus fourrés où il arrêtait et levait plus de lapins que tous les bassets réunis.

M. de la Rue a du reste rendu justice à l'épagneul, mieux que je ne saurais le faire, en disant :

« On dit qu'il chasse le nez à terre ; ceux qui écrivent de pareilles calomnies n'ont de leur vie possédé un épagneul. Si l'épagneul ne supporte pas la fatigue aussi bien que les chiens à poils ras, cela tient uniquement à sa conformation qui est plus délicate, mais il a sur eux l'immense avantage d'être excellent au marais et au bois, de ne pas hésiter à se mettre à l'eau l'hiver pour aller vous chercher

un canard, que le braque de votre ami regarde descendre
la rivière au fil de l'eau sans oser se mouiller un poil. »

Description de l'Épagneul français.

TÊTE. . . . Forte, carrée, museau profond.
OREILLE . . Encadrant bien la tête, assez longue, plantée un peu bas et terminée par des poils ondoyants.
ŒIL . . . . Brun ou jaune.
NEZ . . . . Brun, assez gros.
COU . . . . Assez court.
ÉPAULE. . . Droite et un peu plate.
POITRINE. . Large et profonde, le coude n'atteignant pas le dessous du corsage.

COTES . . . Assez plates.
REIN. . . . Droit et assez long.
PATTES. . . Assez fines, un peu courtes et garnies de longs poils un peu bouclés, la cuisse plate.
PIED . . . . Rond et large.
FOUET . . . Un peu courbé, attaché un peu bas et garni de longues soies qui vont en diminuant vers l'extrémité.
COULEUR . Préférée blanc et marron ou marron et gris moucheté.
POIL . . . . Ondulé et non frisé.
TAILLE . . . 50 à 58 centimètres.

APPARENCE GÉNÉRALE :

Chien un peu mou et assez lourd.

L'ACCLIMATATION

Journal des Éleveurs

46, rue du Bac, à Paris.

LES RACES FRANÇAISES DE CHIENS D'ARRÊT.
Épagneul français.

L'ÉPAGNEUL DE PONT-AUDEMER

L'épagneul de Pont-Audemer est absolument différent de l'épagneul français : celui-ci a une grosse tête lourde, le museau profond, le rein un peu long, plutôt faible, la cuisse plate.

Le Pont-Audemer, au contraire, a la tête fine et pointue, le rein court, arqué et vigoureux, l'épaule et les cuisses très musclées.

Un excellent dessin d'un type de cette race a paru dans le n° 38 de *l'Acclimatation* de cette année, le portrait de *Stop III*, qui a figuré à l'Exposition de Paris 1889, accompagne notre description.

Les particularités du Pont-Audemer sont en premier lieu : sa huppe ; le poil de la tête, ras jusqu'au front, devient long et forme en frisant une forte huppe sur le haut de la tête, cette huppe se confond avec les poils des oreilles qui sont aussi généralement bouclés, et forme ainsi au chien comme une sorte de bonnet ruché autour de sa tête. En second lieu, il a de longues mèches de poils entre les doigts de pied, et souvent comme une sorte de frange bouclée sur les côtés.

La véritable couleur du Pont-Audemer me paraît être le marron et gris, mais j'en ai toujours connu de marron. Le poil doit être bouclé mais non frisé. Au moment du changement de poil, la huppe disparaît ; elle disparaît également quand le chien a un peu de maladie de peau.

Les jeunes chiens naissent blanc et marron, ce n'est guère qu'au bout de quinze jours que le gris apparaît dans le blanc. Quant à la huppe, il y en a qui l'ont au bout de quelques mois, et d'autres seulement à un an.

La race des chiens Pont-Audemer doit certainement à son originalité d'exister encore ; c'est du reste un excellent chien, apte à toute les chasses, et il a même su s'attirer les sympathies de M. Bellecroix, qui n'aime cependant pas beaucoup les chiens français.

Voici en effet ce qu'en dit cet écrivain dans les *Chiens anglais et français :*

« Dans quelques-uns de nos départements du Nord, l'épagneul de Pont-Audemer a été également l'objet d'une faveur que justifient ses qualités d'excellent chien de bois et de marais. Quand j'aurai ajouté qu'il est de taille à tenir un rang honorable en plaine à côté de nos chiens français, on conviendra que nous sommes en présence d'un gaillard auquel il convient d'accorder une attention particulière. »

Et plus loin, il ajoute :

« Quant aux qualités de chasse du Pont-Audemer, elles sont véritablement précieuses, et pour ma part je n'hésite pas à lui donner la préférence sur l'épagneul français.

« Plus rustique, plus vigoureux, plus ardent que l'épagneul, le Pont-Audemer possède les mêmes qualités : l'intelligence, la souplesse, la douceur ; les deux sont également de bons enfants, très faciles à manier.

« La quête du Pont-Audemer est plus vive, plus soutenue que celle de l'épagneul français ; il arrête également bien. Pour la chasse à l'eau je le préfère de beaucoup à son rival ; dans les marais herbeux, où il faut qu'un chien déploie beaucoup de force et de fonds, j'ai vu souvent le second faiblir, le Pont-Audemer jamais ; c'est aussi un excellent chien de fourré, broussailleur, d'une intelligente activité, qui m'a souvent été précieux. J'ai vu des Pont-Audemer qui auraient pu rivaliser avec le cocker le plus ardent. »

Je suis très heureux de pouvoir publier cet éloge fait par

une plume beaucoup plus autorisée que la mienne, car je n'aime pas à vanter ce que je possède, et comme la Société Havraise pour l'amélioration de la race canine, ainsi que moi, nous avons adopté le Pont-Audemer, j'aurais trop l'air de faire une réclame pour notre élevage.

L'élevage de notre Société date de 1886, à cette époque nous avons acheté à M. Léon Verrier de Préaux, *Diane III*, qui avait obtenu à l'Exposition de Paris le 2e prix ; son pedigree remonte à la quatrième génération jusqu'à *Pelotte*, la chienne du Jardin d'Acclimatation, dont M. Bellecroix a donné le portrait. En même temps, nous achetions à M. Dubosc, de Tourville-les-Ifs, *Stop III*, dont le pedigree remonte à trois générations. Nous avons exposé ce chien l'année suivante avec un grand succès, puisqu'il a eu le prix d'honneur et le prix de la souscription du Nemrod.

De ces deux chiens, nous avons eu trois portées qui, en général ont bien réussi, et nous avons dans nos jeunes élèves des chiens qui se sont déclarés de suite très bons en chasse.

Du reste, le père *Stop III*, est un chien remarquable en chasse, il quête le nez haut, arrête à grande distance et va à merveille au fourré. *Diane III* ayant été mal dressée, nous ne l'avons pas utilisée à la chasse, mais elle arrête très bien et a beaucoup de nez.

Description de l'Épagneul de Pont-Audemer.

Tête. . . .	Fine, un peu pointue, à poil ras couronné de longues boucles frisées et bourrues formant huppe.
Oreille. . .	Plantée assez haut, longue, large et très touffue.
Œil. . . .	Jaune, plutôt petit.
Nez	Brun.
Cou . . .	Assez court.
Épaule. . .	Oblique et musculeuse.
Poitrine. .	Large et profonde, le coude n'atteignant pas le dessous du corsage.
Cotes . . .	Arrondies.
Rein . . .	Court et solide.
Pattes. . .	Fortes et nerveuses, quelquefois un peu courtes, garnies d'une frange frisée, la cuisse bien gigotée.
Pied . . .	Rond, garni de longs poils entre les doigts.
Fouet . . .	Attaché assez haut, souvent coupé, bien garni de poils frisés.
Couleur . .	Marron et gris moucheté.
Poil	Frisé et légèrement bourru.
Taille . . .	50 à 55 centimètres.

Apparence générale : Chien trapu et vigoureux.

L'ACCLIMATATION

Journal des Éleveurs

46, rue du Bac, à Paris.

LES RACES FRANÇAISES DE CHIENS D'ARRÊT
Épagneul de Pont-Audemer

L'ACCLIMATATION

JOURNAL DES ÉLEVEURS

46, rue du Bac, à Paris.

LES RACES FRANÇAISES DE CHIENS D'ARRÊT.
STOP II. Épagneul de Pont-Audemer à la Société Havraise.

GRIFFON A POIL DUR

Le griffon à poil dur est un chien de moyenne taille, à rein assez court, plutôt un peu bas sur pattes, il est fortement membré ; tout en lui indique la force et la vigueur. Son poil est rude comme des soies de sanglier et son aspect, malgré son poil plus court, est aussi inculte que celui du griffon poil long ; mais par contre il a l'air aussi intelligent.

On a voulu attribuer le nez busqué au griffon Korthals, qui est une des familles les mieux suivies de griffons poil dur ; mais M. Boulet, d'accord avec M. Korthals, a réclamé contre cette prétention.

Cette race est répandue un peu partout, non seulement en France, mais encore à l'étranger, car je vois beaucoup de ressemblance entre le griffon allemand ou Rauhharing, le griffon italien ou Spinone et notre griffon poil dur. Si on examine en effet des spécimens de chacune de ces races, on trouve qu'il n'y a pas plus de différence de l'une à l'autre qu'entre les différentes familles de griffons français. La vérité serait donc que cette race existe en Allemagne aussi bien qu'en Italie, aussi bien qu'en France. Selincourt dans un ouvrage daté de 1683, *le Parfait chasseur*, dit en parlant des chiens d'arquebuse : les meilleurs griffons viennent d'Italie et du Piémont.

Il faudrait donc admettre que le griffon français a pas mal de sang italien dans les veines. On trouve partout en France des griffons poil dur ; mais il n'y a guère aujourd'hui que deux familles qui soient bien suivies.

Citons en premier les griffons Korthals qui jouissent d'une grande réputation.

Une polémique très vive s'est faite dans les journaux pour savoir si c'étaient des griffons français ou allemands.

Voici ce qu'écrivait à ce sujet M. de Cherville dans *Le Temps*, 29 mai 1886 :

« Repue mais toujours affamée, voici l'Allemagne qui veut ajouter l'annexion du griffon à ses conquêtes. Un Hollandais, amateur des plus distingués, M. Korthals, s'étant passionné pour cette espèce, a recruté un peu partout, mais surtout en France, sélectionnant avec cette intelligente persévérance qui est chez nous si rare, maintenant ses reproducteurs par le dressage le plus raffiné et le plus parfait, il est arrivé à créer une race qui mérite de porter son nom et que les jurys des expositions d'outre-Rhin déclarent exclusivement allemande. M. Korthals proteste et avec lui M. E. Boulet d'Elbeuf. »

M. Korthals assure, en effet, que ses premiers chiens viennent du Nord de la France et de la Belgique. On a prétendu que la race Korthals était une race fabriquée et nullement fixée. Il est certain qu'il arrive quelquefois des accidents de reproduction, mais cela est une exception et en général la race se reproduit parfaitement.

Il faut même rendre justice à M. Korthals, car non seulement ses chiens se reproduisent si bien dans le même type qu'il est fort aisé de les reconnaître, mais encore, ils sont excellents en chasse et beaucoup se sont distingués aux field-trials.

On a même prétendu à ce sujet que ses chiens n'étaient pas des griffons, puisqu'ils quêtaient au galop. La vérité est que ces chiens étant très bien construits, on peut arriver à leur donner une quête rapide, en les entraînant avec des pointers mais que, livrés à eux-mêmes, ils chassent au trot.

Un reproche qui est, paraît-il, plus fondé, c'est que ce

sont des chiens entêtés et assez durs à dresser; ils sont de plus assez batailleurs.

A côté de cette race, il convient de citer les griffons blancs et orange de M. Guerlain.

Cet éleveur, voulant des chiens plus rustiques que les Saint-Germain, avait adopté les griffons poil long, mais trouvant que ce genre de chiens souffrait en été de la chaleur et que ses grands poils se prenaient dans les ronces et faisaient ainsi souffrir le chien, il se mit à l'élevage du griffon poil dur.

En 1864 il ramena de Picardie des griffons poil dur blanc et orange et blanc et noir.

Il faut croire que le Nord de la France est la patrie des griffons, car M. Boulet a trouvé sa première chienne près d'Arras, et M. Korthals dit aussi que ses chiens lui viennent du Nord de la France. A partir de ce moment M. Guerlain a fait de l'élevage toujours avec des griffons de cette contrée, sauf en 1870.

M. de Cherville, qui s'occupait du griffon depuis 1848, lui fit alors cadeau d'un griffon *Khédif*; ce chien avait un peu de sang pointer, car M. de Cherville avait fait un croisement avec un chien de cette race deux ou trois générations auparavant.

Il y aurait donc un peu de sang étranger dans cet élevage, mais il est bon d'ajouter que si le sang pointer a pu améliorer le nez du griffon, il ne s'est pas traduit autrement, car les chiens de M. Guerlain sont non seulement très bien typés comme griffons, mais en ont conservé toutes les qualités.

Tout le monde a pu admirer sa chienne *Sacquine* qui a gagné le premier prix au premier field-trial de France, et et dont les journaux ont donné le portrait. Et tout ceux qui ont été à l'exposition canine de Paris en 1888 ont dû remarquer le magnifique lot d'élevage présenté par cet éleveur, lot qui lui a valu du reste, outre la plus haute récompense, les compliments du jury.

Le goût du chien griffon, qui est actuellement de tous les chiens français celui le plus en vogue, décidera certainement d'autres amateurs à en faire l'élevage, mais il est déjà très facile de s'en procurer, car même pour les griffons Korthals plusieurs éleveurs et entre autres M. Boulet, d'Elbeuf, pratiquent l'élevage de cette race.

Description du Griffon d'arrêt à poils durs.

Tête.	Longue, garnie de poils durs, formant *moustaches et sourcils*, crâne long et étroit, museau carré.
Œil.	Grand, découvert, plein d'expression, iris jaune ou brun clair.
Oreilles.	De grandeur moyenne, plates ou quelquefois très légèrement papillotées, attachées un peu haut, très légèrement garnies de poils.
Nez.	Toujours de couleur brune.
Cou.	Plutôt long, pas de fanon.
Épaules	Longues, obliques.
Cotes	Légèrement arrondies :
Poitrine.	Profonde, pas trop large.
Pattes de devant.	Très droites, musculeuses, garnies de poils durs assez courts.
Pattes de derrière	Garnies de poils rudes assez courts, la cuisse longue et bien développée.
Pieds.	Ronds, solides, bien fermés.
Queue.	Portée droite ou gaiement, garnie de poils durs, sans panache, généralement coupée au tiers de sa longueur.

L'ACCLIMATATION

JOURNAL DES ÉLEVEURS

46, rue du Bac, à Paris.

LES RACES FRANÇAISES DE CHIENS D'ARRÊT
Le Griffon à poil dur.

Poil. . . . . . .   Dur, sec, raide, jamais frisonné, le dessous du poil duveteux.

Couleur. . . . .   Gris acier avec taches marron, gris blanc avec taches marron, marron.

blanc sale mélangé de marron, jamais de noir.

Taille. . . . . .   0m55 à 0m60 pour les mâles;
— . . . . . .   0m50 à 0m55 pour les femelles;

GRIFFONS D'ARRÊT A POILS DURS

SAPEUR, pur sang, L.O.F. n° 999.
Gris d'acier avec taches marron, né, élevé et dressé chez M. Emmanuel Boulet.
Par champion *Nemrod*, griffon Korthals. Hors Mlle *Chiffon*.
1er prix Paris 1889. — 2e prix Paris 1890. — Prix de Normandie Field-trials de Motteville 1890. — Prix de Dressage Field-trials
de Motteville 1890. — 2e prix classe des Field-trialers Paris 1890.

Mlle CHIFFON, pur sang, L.O.F. n° 611.
Gris d'acier avec taches marron, née, élevée et dressée chez M. Emmanuel Boulet.
Par champion *Nemrod*, griffon Korthals. Hors *Sieba*.
1er prix Paris 1889. — 1er prix Paris 1890.

GRIFFONS D'ARRÊT A POILS DURS

Champion MASCOTTE, demi-sang, L.O.F. 189, K.C.S.B. 23740.
Marron et blanc, née chez M. Emmanuel Boulet.
Par champion *Marco*, griffon à poils longs. Hors *Polka*, griffonne à poils durs
2ᵉ prix Paris 1886. — 1ᵉʳ prix Le Havre 1887. — Mention honorable Field-trials de Boran 1889.
Prix d'honneur Paris 1889. — Prix de championnat Paris 1890.

Journal des Éleveurs
46, rue du Bac, à Paris.

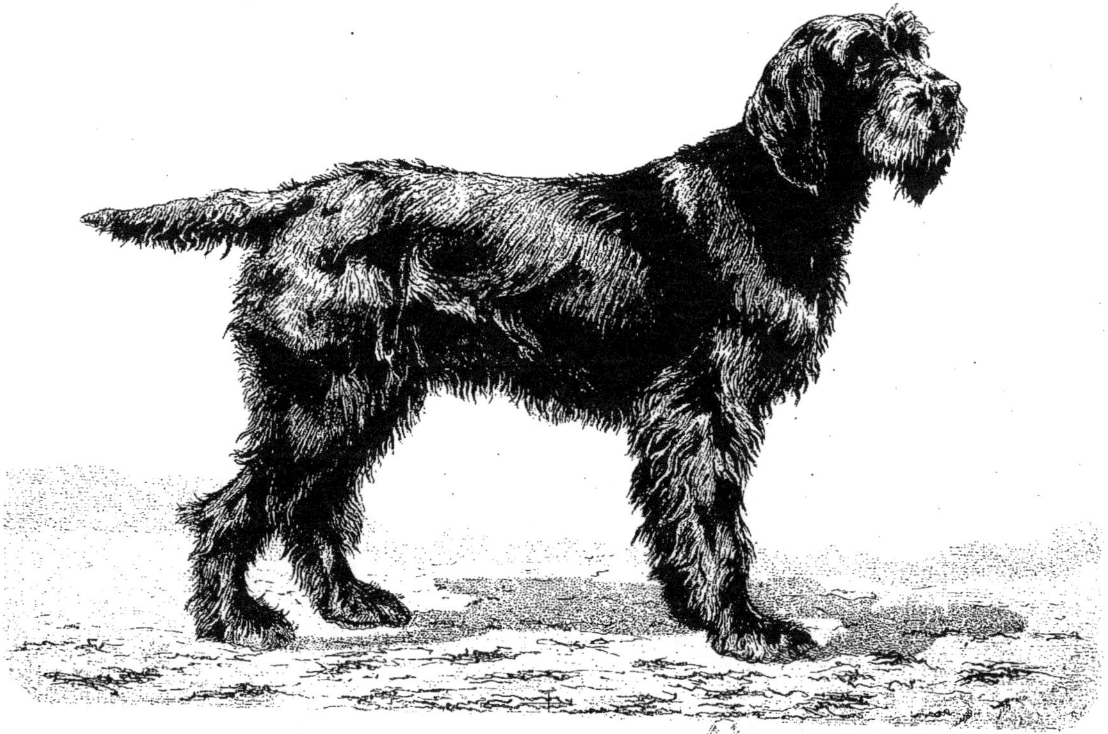

LES RACES FRANÇAISES DE CHIENS D'ARRÊT.
Diavolo V, Griffon Boulet (Voir page 151).
D'après une aquarelle de Mahler.

Imp. Monrocq, Paris.

GRIFFON A POIL LONG. GRIFFON BOULET

Les griffons se divisent en deux classes bien distinctes : les griffons à poil long et les griffons à poil dur.

Les premiers ont été complètement régénérés par M. Emmanuel Boulet, d'Elbeuf, qui, depuis de longues années, s'est appliqué à cette race et a enfin obtenu à force de travail un résultat merveilleux.

Il existe bien d'autres griffons à poil long mais qui ne proviennent pas de races suivies et qui risqueraient de donner bien des mécomptes à ceux qui voudraient les faire reproduire ; tandis que cet intelligent éleveur a réussi à bien fixer sa race et à faire des chiens excellents en chasse et parfaits de forme.

Ce n'est certes pas sans peine que M. Boulet est arrivé à ce magnifique résultat. Il a, en effet, commencé à s'occuper du griffon en 1872. Le premier qu'il a possédé lui avait été donné par un de ses parents, M. Gouellain, qui a toujours eu cette race de chiens de père en fils, depuis plus de 60 ans.

M. Boulet ayant toujours eu la passion de l'élevage, dès qu'il eut un chien, chercha une chienne ; il finit par en trouver une à peu près du même type dans les environs d'Arras et commença à les faire reproduire.

Malheureusement M. Gouellain, comme la plupart des chasseurs de cette époque, faisait aussi bien saillir des chiennes griffonnes par un braque que par un épagneul ; aussi pendant près de dix ans les produits obtenus avec son chien et ses descendants donnèrent de nombreux mécomptes.

Il n'y a que depuis dix ans que M. Boulet a pu obtenir, par une sélection suivie, l'homogénéité parfaite. C'est alors qu'il a exposé *Marco* et *Myra* qui ont de suite remporté les premiers prix. A partir de ce moment, cela n'a été pour lui qu'une suite de triomphes, et une pluie de récompenses bien méritées sont venues tomber sur cet éleveur si persévérant, qui le premier a eu le courage de chercher à reconstituer une de nos races françaises, et qui nous a montré qu'avec de la patience et un but bien arrêté, on peut triompher de tous les obstacles et arriver à reconstituer n'importe quelle race pourvu qu'il en reste quelque chose.

Au début, les griffons de M. Boulet étaient blancs et marron ; mais comme il désirait avoir toujours un chien d'arrêt avec lui lorsqu'il chassait aux chiens courants et ayant remarqué que le blanc de la robe de son chien effrayait le gibier et l'empêchait de tirer, il chercha à obtenir la couleur feuille morte, et aujourd'hui grâce toujours à la sélection, presque tous ses chiens naissent de cette couleur.

Le griffon Boulet est un chien de taille moyenne, assez ramassé, la poitrine bien développée, d'aspect buissonneux, la tête très poilue, ornée de fortes moustaches et d'épais sourcils qui laissent cependant l'œil à découvert où le voilent légèrement.

L'œil est remarquablement expressif et lui donne une physionomie très intelligente, le poil est demi-soyeux sans brillant, lisse ou ondulé, jamais frisé.

Ce chien, étant doux et intelligent, est facile à dresser, c'est un fidèle compagnon.

M. Boulet ayant toujours eu soin de ne faire reproduire que des chiennes très bonnes en chasse et couvertes par des étalons extra, les produits sont aussi généralement très bons.

Le griffon est le chien du chasseur qui tient à avoir toujours son chien près de lui ; sa conformation ne lui permet pas une quête très rapide ; de plus, il est bon pour toutes les chasses et on a pu juger, aux derniers field-trials, que les griffons Boulet, présentés par le célèbre dresseur M. Léon Verrier, étaient des chiens de haut nez et d'un arrêt de pied. Le seul inconvénient de ce genre de chien, c'est qu'en été il souffre un peu de la chaleur à cause de sa rude toison.

Description du Griffon d'arrêt à poils longs. Griffon Boulet.

TÊTE	Aspect buissonneux, museau long et large, bien carré, *garni de fortes moustaches.*
ŒIL.	Intelligent et bon, *surmonté d'épais sourcils* laissant l'œil à découvert ou le voilant légèrement, iris toujours jaune.
OREILLES	Pendantes, attachées assez bas, légèrement roulées, bien garnies de poils lisses ou ondulés.
NEZ	Narines bien ouvertes, avec la truffe blonde ou brune.
COU	Plutôt un peu long.
ÉPAULES	Pas très obliques, un peu saillantes.
CÔTES	Arrondies.
REIN	Fort, un peu bombé.
POITRINE : . .	Large et profonde.
PATTES DE DEVANT .	Fortes, musculeuses, garnies de poils assez longs jusqu'en bas.
PATTES DE DERRIÈRE	La cuisse longue, très descendue, les jarrets plutôt coudés que droits.
PIEDS	Un peu allongés, à manchettes, les ongles recouverts par le poil.
FOUET	Droit, bien porté, garni de poils sans panache.
POIL	Demi-soyeux *sans brillant*, lisse ou ondulé, *jamais frisé.*
COULEUR	Marron-feuille-morte avec ou sans blanc, jamais de noir.
TAILLE	55 à 60 centimètres, pour les mâles ;
—	50 à 55 centimètres pour les femelles.

APPARENCE GÉNÉRALE :

Chien ramassé, un peu lourd, d'apparence un peu rébarbative, mais avec une expression douce et intelligente.

GRIFFONS D'ARRÊT A POILS LONGS

Champion MARCO, pur sang, griffon Boulet, L. O. F. n° 1. K.C.S.B. 23720.
Marron feuille morte avec tache blanche au poitrail, né, élevé et dressé chez M. Emmanuel Boulet.
Par *Diavolo*. Hors *Diane II*.
1er prix Paris 1882. — 1re mention Spa 1882. — 1er prix Paris 1883. — 1er prix Le Havre 1885.
Prix d'honneur Paris 1886. — Prix spécial Paris 1886. — 2e prix Kennel-Club, international Jubilee Show, London 1887.
Grand prix d'honneur, coupe de Sèvres de M. le Président de la République, Paris 1887. — Prix de Championnat Paris 1887.

GRIFFONS D'ARRÈT A POILS LONGS

NÉRO, pur sang, griffon Boulet, L.O.F. n° 3, K.C.S.B. 23725.
Marron feuille morte avec tache blanche au poitrail, né chez M. Emmanuel Boulet.
Par champion *Marco*, Hors *Diane IV*.
2e prix Le Havre 1885. — 1er prix Paris 1887. — 1er prix Le Havre 1887. — 1er prix Paris 1888. — Prix d'honneur Paris 1889.

GRIFFONS D'ARRÊT A POILS LONGS

Champion DIAVOLO, pur sang, griffon Boulet, L.O.F. 398, K.C.S.B. 23713.
Marron feuille morte avec tache blanche au poitrail, né, élevé et dressé chez M. Emmanuel Boulet.
Par Néro. Hors champion *Myra*.
2ᵉ prix Le Havre 1887. — Prix d'honneur Paris 1888. — 2ᵉ prix Field-trials de Boran 1889.
Prix unique de la Société d'épreuves, classe des Field-trialers Paris 1889. — 3ᵉ prix et prix de Dressage Field-trials
de Boulleaume 1890.
Prix de Championnat Paris 1890. — Prix d'honneur au plus beau chien d'arrêt français, Amiens 1890.

GRIFFONS D'ARRÊT A POILS LONGS

BANCO, pur sang, griffon Boulet, L.O.F. n° 1001.
Marron feuille morte avec tache blanche au poitrail, né, élevé et dressé chez M. Emmanuel BOULET.
Par champion *Diavolo*. Hors *Nina*.
Prix d'élevage, en groupe, Paris 1889.

GRIFFONS D'ARRÊT A POILS LONGS

Champion MYRA, pur sang, griffonne Boulet, L.O.F. n° 9. K.C.S.B. 23742.
Marron feuille morte avec tache blanche au poitrail, née, élevée et dressée chez M. Emmanuel Boulet.
Par *Diavolo*. Hors *Diane II*.
1er prix Paris 1882. — 1er prix Paris 1883. — Prix d'honneur Paris 1884. — Prix d'élevage Paris 1884.
Prix d'honneur au plus beau chien d'arrêt français, Le Havre 1885. — Prix de championnat Paris 1886.
3e prix Kennel club, international-Jubilee Show, London 1887.

GRIFFONS D'ARRÊT A POILS LONGS

Champion POLKA, pur sang, griffonne Boulet, L.O.F. n° 232. K.C.S.B. 23746.
Marron feuille morte avec tache blanche au poitrail, née, élevée et dressée chez M. Emmanuel Boulet.
Par champion *Marco*. Hors champion *Myra*.
1er prix Paris 1866. — 1er prix Paris 1887. — 1er prix Le Havre 1887. — Prix d'honneur Paris 1888.
Prix de Championnat Paris 1889.

PARIS. — IMPRIMERIE F. LEVE, RUE CASSETTE, 17.

www.ingramcontent.com/pod-product-compliance
Lightning Source LLC
LaVergne TN
LVHW010321030726
842520LV00004B/1193